ホタル紀行

【福岡近郊編】

石井幹夫
Mikio Ishii

海鳥社

索引図
北九州
北九州JCT
宗像
九州自動車道
古賀
若宮
行橋
福岡
飯塚
田川
福岡
豊前
中津
嘉麻
宇佐
太宰府
英彦山
背振山
朝倉
鳥栖JCT
大分県
うきは
久留米
日田
大分自動車道
八女
釈迦岳
柳川
久住山
熊本県
大牟田
1
2
3
4
5
6
7
8
9
10
11
12
13
14
15
16
17
18
19
20
21
22
23
24
25

糸島
佐賀県

［ホタル観賞の注意点&本書の見方］

●本書の各項にホタルの発生時期を掲げていますが、これはあくまでも目安です。気象状況や周辺環境の変化により変わる場合があります。事前に各市町村に問い合わせてから出かけることをお勧めします。

●各項の地図に薄い赤で塗っている部分がホタルの発生場所です。これも発生時期と同様、種々の条件により変わることがあります。

●ホタルの生息地は、地域の方々が大切に守っている、自然豊かな環境です。ゴミなどは捨てずに、必ず持ち帰りましょう。

●足もとや草むらにとまっているホタルには、手を出さないようにしましょう。私自身、以前暗闇の中でヘビに出会い、大変怖い経験をしました。かまれたら大変です。

●ホタルは光でコミュニケーションをとっています。周りが明るいと雄と雌の連絡がとれなくなり、光るのをやめてしまいます。懐中電灯や携帯電話の明かりは、移動する時だけ、足もとのみを照らすようにしましょう。

●ホタル保護条例を制定して、捕獲を禁止している市町村が多くあります。ホタルをとって持ち帰ることはやめましょう。ホタルは短い命です。持ち帰ってもすぐに死んでしまいます。

●ホタルが光っている写真は、フラッシュを使っても撮影できません。コンパクトカメラや携帯電話での撮影も困難です。本書の「私のホタル撮影」の項を参考にしてホタル撮影を楽しんでください。

●本書のホタルの写真キャプション末尾の数字は写真番号です。九三ページにそれぞれの写真の撮影データを掲載しています。

ホタル紀行

［福岡近郊編］

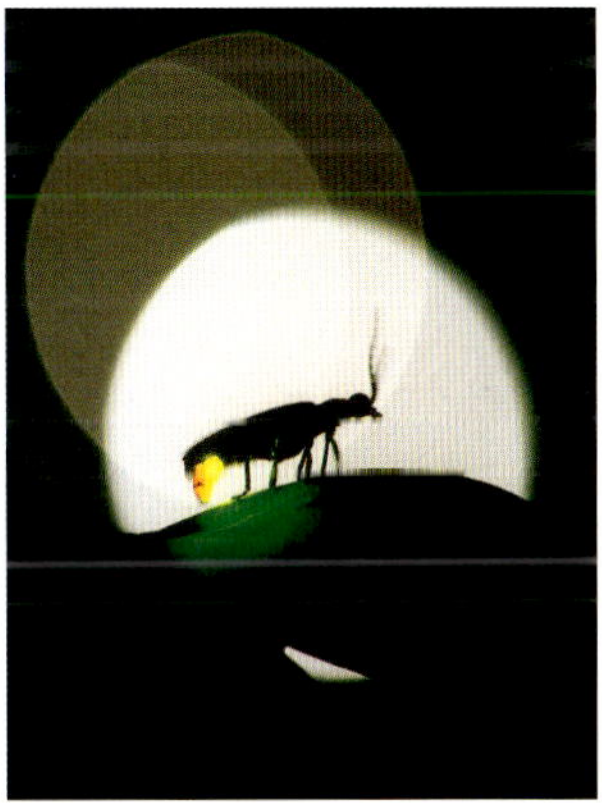

筑紫郡那珂川町山田

裂田溝《さくたのうなで》

裂田溝の支流には今でもたくさんのホタルが生息している［1］

古代水路・裂田溝の朝。今も近隣の田畑を潤している

裂田溝は『日本書紀』にも記述がある古代水路である。神功皇后が神田に那珂《なか》川の水を取り入れようとして溝を掘らせた。しかし、とどろきの丘まで掘り進んだ時、巨大な岩に行く手をさえぎられた。その時、武内宿禰《たけうちのすくね》に命じて剣と鏡を捧げて祈らせた。すると、雷が鳴り響いて大岩を打ち砕き、水を引くことができた。そこでこの水路を裂田溝と呼ぶようになったといわれている。

疏水《そすい》百選にも選ばれており、現在でも近隣の田畑を潤している。しかし、福岡市のベッドタウンとして開発が進んでおり、ホタルの生息域は限られてきている。

近くに住む老人によると、昔は田んぼの仕事を終えて夕暮れに帰る時、ホタルが目の前を照らし、それを手で払いながら歩いたという。現在では想像するのも困難な話である。しかし、今でも裂田溝支流の明かりの届かない窪地には、たくさんのホタルが舞っている。

街灯の当たらない暗がりに集まるホタル［2］

神功皇后を祀る裂田神社

発生時期●５月下旬－６月上旬
アクセス●国道385号線を那珂川町へ／西鉄バス・山田バス停すぐ
問合せ先●那珂川町産業課
☎092－953－2211

筑紫郡那珂川町市ノ瀬

那珂川《なかがわ》

突然、１匹のホタルがカメラに向かって飛んできて、
レンズフードの内側にとまり光り出した［3］

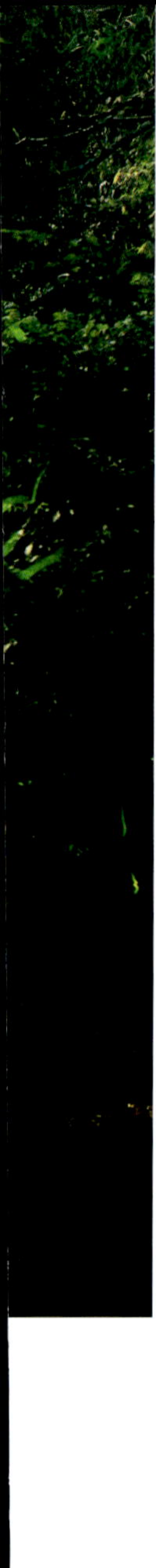

那珂川上流の中ノ島公園は、福岡都市圏に近いこともあり、夏になると水遊びの家族連れで大いに賑わう。公園内には物産館があり、地元でとれた新鮮な野菜が販売されている。公園内の橋を渡ったところにある中ノ島は明かりの影響が少なく、高く舞い上がるホタルを見ることができる。

公園以外でも那珂川沿いには数多くのホタルスポットがある。下流域では六月上旬より見ることができ、六月中旬にかけて徐々に上流へと発生区域が移っていく。また、近くの南畑小学校では一年を通してホタルの観察や水質調査を実施しており、自然環境を大切に見守っている。

撮影中、目の前を飛んでいたホタルが、突然カメラに向かってきた。そしてレンズフードの内側にとまり、光り始めた。後日現像してみると、ホタルの軌跡が〝天の川〟のように降り注いでいた（写真3）。この写真は福岡県の美術展で賞をいただくこととなり、ホタルからのプレゼントだと今でも信じている。

左：中ノ島公園で夕暮れを待つ人々
下：葉陰で休むホタル

中央下の光の筋は、命尽きて川へと帰っていくホタル［4］

発生時期● 6月上旬ー中旬
アクセス●国道385号線を那珂川町へ／西鉄バス・市の瀬バス停すぐ、中ノ島公園へ
問合せ先●那珂川町産業課　☎092－953－2211

糟屋郡久山町久原

新建川《しんたてがわ》

桂木橋より下流が絶好のポイント［5］

新建川上流の久原《くばら》地区の川幅が狭くなったところに桂木橋がある。この周辺にはホタルがいると聞いて出かけた。川の近くで農作業をしていた男性にうかがうと、昨年（平成九年）の大雨で上流では護岸が壊れてしまい、河川工事が続いているので今年は少ないと言っておられた。

　橋の上流方向は街灯が直接当たるので撮影できそうにない。そこで明りの影響の少ない下流方向にカメラをセットした。撮影準備を終えて橋の上で待っていると、ホタルが飛び始めるまでまだ約二時間もあるというのに、福岡市から観賞に訪れたという老夫婦が現れた。市内から近いので、毎年楽しみに訪れていると話されていた。

　八時を過ぎると見学者も徐々に増え、橋の上は十人ほどになった。子供たちはホタルを見て歓声を上げて

いる。心温まる光景に、ホタルと子供は相性がいいのだと改めて思った。この年は少なめとのことだったが、観賞には十分の数だった。

発生時期● 5月下旬－6月上旬
アクセス●九州自動車道・福岡インターより車で10分。県道35号線・深井の交差点を犬鳴峠方面へ
問合せ先●久山町政策推進課
☎092－976－1111

上：桂木橋のすぐ脇にある大きな桑の木が、黒褐色の実をいっぱいつけていた
下：川沿いの農道は散歩コースになっている

宮若市脇田

犬鳴川《いぬなきがわ》

撮影の日は風もなく、蒸し暑い夜。
ホタルは元気に飛んでいた［7］

犬鳴川沿いに脇田温泉があり、すぐ上流の川沿いの遊歩道には、若宮全国俳句大会の入選作品が木製の句碑になっている。「ほたるの里」はその上流に位置する。散歩道も整備されており、家族連れも楽しく観賞できそうだ。

撮影ポイントを探している時、麦わら帽子をかぶった女性が、大きな犬を連れて散歩していたので聞いてみると、今はたくさん飛んでいるとのことでひと安心する。でも、この場所は車が多いので撮影には不向きだということで、別の良いポイントを教えてくれた。

また、この日、福岡市から一週間毎日通っているというカメラマンと出会い、ホタルが飛ぶ方向だとか、街灯の位置だとかを教えてもらって大変助かった。

脇田温泉から犬鳴川の上流へ向かうと、「ほたるの里」という大きな看板が見えてくる

発生時期● 6月上旬ー中旬
アクセス● 九州自動車道・若宮インターより車で10分
問合せ先● 宮若市商工観光課
☎0949－32－0519

上：ほたるの里の上流でも見ることができる［8］
左：写真左側の雑木林にたくさんのホタルが舞う

古賀市薦野

大根川《だいこんがわ》

撮影の日はピークを過ぎていたが、それでもたくさんのホタルが飛んでいた［9］

発生時期● 6月上旬−中旬
アクセス● 九州自動車道・古賀インターより車で10分、清滝方面へ
問合せ先● 古賀市商工振興課
☎092−942−1111

薦野《こもの》地区の大根川沿いには、市民の散歩コースにもなっている清滝の桜並木がある。川の土手は砂利道になっているので、車はほとんど通行していない。

大げさかもしれないが、この散歩道は大地を歩いている感じがして心地良い。今時、田舎の小さな道でもほとんどが舗装されているので、土の上を歩けるのは珍しい。

訪れたのが六月中旬だったので、まだ飛んでいるか心配だったが、庭の手入れをしていた男性にうかがうと、ピーク時に比べると少なくなったがまだいると言っておられたのでひと安心する。

下見の時は水量が多く川底を見ることはできなかったが、この時期は田んぼに水を引くため川の水量が少なく、川原に下りて撮影することができた。桜並木が両岸にあるので明かりは内側には届かず、ホタルは元気に飛んでいた。

左：清滝の桜並木／右：橋を渡ると清瀧寺へ

北九州市八幡西区上香月

黒川《くろかわ》

北九州市内で一番多くホタルが発生するところだと聞いていたので、ぜひ訪れてみたかった場所である。

黒川は畑貯水池から流れ出る川である。発生場所は貯水池から下流五〇〇メートルほどの間で、その中央に山陽新幹線と国道二〇〇号線が通っている。市街地に近いにもかかわらず、多くの生物が生息する自然の川が残されていることに感動する。

撮影場所に選んだのは新幹線が通るところより少し上流の両岸に雑木が茂った場所。付近に駐車するためあるお宅に挨拶にうかがうと、庭に駐車していいですよと言っていただいたので、二日間ご厚意に甘えることになった。ホタル祭りの期間中には臨時の駐車場が設けられる。

この年は例年になく寒くてホタルの発生が遅れていると聞いていたが、撮影二日目は観賞には十分な数になってきた。

発生時期● 5月下旬－6月上旬（5月下旬にホタル祭りが開催される）
アクセス● 九州自動車道・八幡インターより車で10分／北九州都市高速・小嶺インターより車で10分
問合せ先● 八幡西区まちづくり推進課
☎093－642－1441

川の両岸に雑木があり、明かりがさえぎられるため撮影しやすい［10］

左：撮影場所のすぐ下流には山陽新幹線が通っている／上：川の周辺には豊かな自然が残る

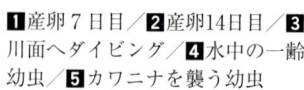

ホタルの生活史

日本には約五十種のホタルがいますが、幼虫が水の中で暮らしているのは、ゲンジボタル、ヘイケボタル、そして沖縄県に生息しているクメジマボタルの三種しかいません。水の中で幼虫時代を過ごす方が珍しいのです。ここでは、最も目にすることが多いゲンジボタルについて紹介します。

＊

ゲンジボタルは、人里の川や用水路などに棲み、人の営みと密接に関わりながら命をつないできました。その生活史は、きれいな水や、やわらかい土など、自然豊かな環境が不可欠です。

1産卵７日目／**2**産卵14日目／**3**川面へダイビング／**4**水中の一齢幼虫／**5**カワニナを襲う幼虫

①産卵

産卵は夜に行われることが多く、雌一匹が直径約〇・五ミリの卵を三百－五百ほど産みます。孵化した幼虫がすぐに水に入れるように、湿気のある水辺の斜面に生えている苔などに産みつけます。産卵直後の卵は淡黄色ですが、日が経つに連れて茶褐色から黒褐色になります。

②幼虫誕生

産卵後約三十日で卵殻を破り外に出ます。幼虫は体長一・五ミリほど、生まれるとすぐに低い方へと進んでいき、苔の先端までたどりつくと、水中へとダイブします。すぐに飛び込む幼虫もいれば、何度も上下に行ったり来たりして、ようやく飛び降りる幼虫もいます。

③幼虫の食べもの

水中での生活は二六五日ほど、その間、体に合った大きさのカワニナを食べます。大きなカワニナを食べようとすると、逆に蓋で絞め殺されることがあるのです。幼虫はカワニナと出会うと、いきなり体にかみつき、口から消化液を出して、カワニナを液状に溶かしながら吸収します。一匹の幼虫が終齢幼虫になるまでに食べるカワニナは四十個ほどです。

④幼虫の脱皮

幼虫は水中で六回脱皮を繰り返します。脱皮直後は真っ白でやわらかく、二日ほどすると、もとの茶褐色になります。終齢幼虫は体長二五―三〇ミリほど。この頃になると、水中で盛んに発光する姿を見ることができます。

⑤幼虫上陸

体長二五―三〇ミリになった幼虫は、四月上旬から中旬にかけ、気温一五℃ぐらいの雨の日に、夜八時頃から上陸します。強弱の光を繰り返しながらゆっくりと進み、その距離一〇メートルに達する幼虫もいるそうです。

6脱皮する幼虫／7上陸する終齢幼虫／8土中で光るさなぎ／9オスの成虫／10産卵直後のメス

⑥さなぎ

上陸した幼虫は、やわらかい土のところまで来ると、頭から土の中にもぐりこみます。深さ五―一〇センチほどまで進むと、周囲の土を固めて土の部屋を作ります。この中でさなぎになって、成虫と同じくらい強い光を出すようになります。上陸して約五十日後、羽化して成虫になり、土中からはい出します。

⑦成虫

五月下旬から六月にかけて、風が弱く、湿度が高く、蒸し暑い夜の八時頃から九時頃までがよく飛びます。昼間は木や草むらの陰で休んで夜を待ちます。雄は飛んでいる時、二秒間隔で点滅を繰り返し、雌は草むらにとまって不規則に光っています。寿命は約十日間、その間に出会いを求めて飛び回っています。

朝倉市秋月

野鳥川《のとりがわ》

白壁を背景に舞うホタルたち［11］

小京都・秋月は、春には杉の馬場の桜並木、秋は黒門の紅葉と、風情ある景観が広がる。そして初夏には、白壁沿いの遊歩道に淡い紫色のアジサイが咲き始め、夕暮れにはホタルが舞う。

撮影場所は目鏡橋の少し上流の橋の上、直接は当たらないが、街灯があり明るめの場所なので長時間の露光はできない。カメラのセットを終え夕暮れを待っていると、車で通りがかった人が、ここより多いところに案内してやるよ、と声をかけてくれた。撮影をしていると多くの方に貴重な情報をいただくことがあり、大変助かっている。

上：杉の馬場の桜並木
下：野鳥川にかかる目鏡橋。文化７（1810）年、秋月藩が長崎から招いた石工によって築造された

橋の上には多くの人が訪れる［12］

発生時期● 5月下旬－6月上旬
アクセス●大分自動車道・甘木インターより車で20分
問合せ先●朝倉市観光協会
☎0946－24－6758

朝倉市佐田

佐田川

さだがわ

堰の上を舞うホタル。残念ながら手前には飛んでくれなかった［13］

寺内ダムの上流一キロほどのところに、車がやっと一台通行できるくらいの橋がある。この橋を渡るとすぐ先に駐車場があり、ここから川原に下りることができる。橋の真下はコンクリートで護岸されており、車のライトもここまでは届かない。

撮影準備を終えて待っていると、釣竿を持った男性が堰の下で釣りを始めた。佐田川ではアユが放流されていて、この時期遡上するそうだ。薄暗くなるまで竿を上下に動かしていたが、今日はだめだと言いながら引き揚げていった。

堰を落ちる水音が大きく響き、他の音は聞こえない。その堰の上にたくさんのホタルが舞い始めた。しかし、残念ながら手前には一向に飛んでくれなかった。

上・佐田川上流ではアジサイも色濃くなり、田植えの真っ盛り
下：寺内ダム貯水池は「美奈宜（みなぎ）湖」と呼ばれている。福岡市の水がめの１つで、ダム湖百選にも選ばれている

発生時期● ６月上旬ー中旬
アクセス●大分自動車道・朝倉インターより車で20分
問合せ先●朝倉市観光協会
☎0946－24－6758

朝倉市高木

黒川《くろかわ》

街灯がないのでホタルは高く舞い上がる［15］

高木中学校跡ではアジサイが紫色を濃くし、木造の白い校舎をおおっていた

佐田川上流の黒川には「ホタル乱舞地」の看板も設置されており、たくさんの見物の人が訪れる。電柱もなく街灯などもちろんない、真っ暗闇の中でのホタル観賞になる。

　八時を過ぎると川向こうの杉林が大きなスクリーンとなって、無数のホタルが舞い始める。その様子は巨大なクリスマスツリーを見ているかのようだ。この時ばかりは撮影を休んで幻想的な光景に浸っていたい。もっとも、車も多いのでシャッターを切ることができない。この日は夜十時を過ぎてようやく見学者がいなくなった。結局撮影を終えたのは、午前零時を過ぎた頃だった。

　誰もいない暗闇の中、霧のかかった杉林の中をゆったりと舞う様子には心癒される。

道沿いに立つ「日本一自然ホタル乱舞地」の看板

発生時期● 6月上旬－中旬
アクセス●大分自動車道・朝倉インターより車で20分
問合せ先●高木むらおこし協議会　☎0946－29－0750

蒸し暑い夜は一段と高く舞い上がる［16］

朝倉市三奈木

アジサイロード

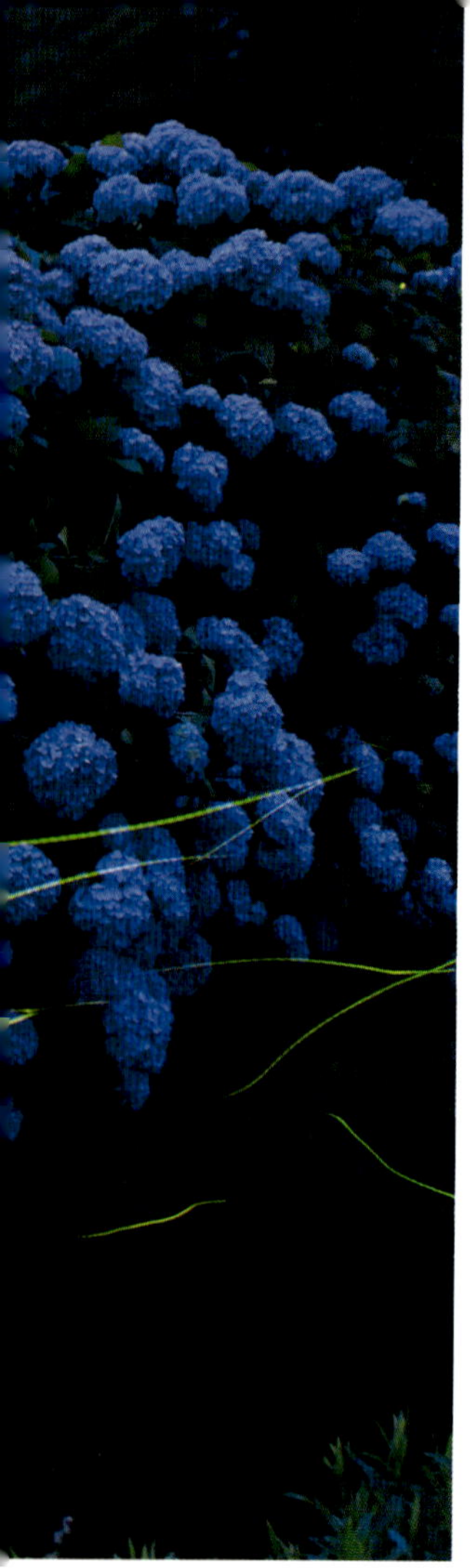

幅二、三メートルほどの小さな水路なのだが、約三〇〇メートルにわたって植えられているアジサイが淡く色づく頃、ホタルが舞い始める。

ここで撮影準備をしていると、自転車で帰宅していく中学生に出会うのだが、いつも元気良く挨拶をしてくれるので、気持ち良く撮影に取りかかれる。川向こうのお寺の屋根がシルエットになる頃、一番ボタルがアジサイの花の前を横切った。それが合図であるかのように、次々に川面を行き来するようになる。

川沿いには散歩道がきれいに整備されているので、家族連れも楽しく観賞できる。また、近くに三奈木公民館があり、ここでは五月下旬にホタル祭りが開催されている。

発生時期● 5月下旬－6月上旬
（5月下旬にホタル祭りがある）
アクセス●大分自動車道・朝倉インターより車で10分
問合せ先●朝倉市観光協会
☎0946－24－6758

上：アジサイの前を行き交う光彩［17］／下左：水路に架かる小さな石橋を渡ると、お地蔵様があった［18］／下右：水路に沿い、約300メートルにわたってアジサイが植えられている

朝倉市三奈木

広瀬地区の水路

ひろせちくのすいろ

平野にある水路では、ホタルは上空に舞い上がらない［19］

朝倉の三連水車が回り始めると、田んぼに水が引かれ田植えも近づく。三連水車を見学してから国道三八六号線のバイパスを通り三奈木へ行く。周辺では麦の穂が色づき、刈り取りが盛んに行われていた。

水路は昔ながらの石垣と土で造られているので、今でもたくさんのホタルが生息している。しかし国道に近いので、ひっきりなしに通る車のライトにさらされる。また、近くにコンビニエンスストアもできて、人にとっては便利になったのだが、ホタルにとってはますます棲みにくくなっていく。

五月下旬は気温も安定せず、その日によって数が多かったり少なかったりと変化が大きい。平野にある水路なので、上空には舞い上がらず、明かりの当たらない水路内を気ぜわしく飛び回っていた。

草にとまり優しく光る［21］

７月、三連水車はフル回転中

発生時期● ５月下旬－６月上旬
アクセス●大分自動車道・朝倉インターより車で10分
問合せ先●朝倉市観光協会　☎0946－24－6758

朝倉郡東峰村宝珠山

宝珠山川《ほうしゅやまがわ》

東峰村に来て最初に目にしたのは、石積みの棚田と、ＪＲ日田彦山線のコンクリート橋、通称めがね橋が織りなす、絵に描いたような光景であった。村では長年、宝珠山ほたるを育てる会が中心となって、ホタル保護活動が盛んに行われている。ホタルが飛び始めると、街灯にはカバーがかけられ、川沿いの家では明かりが外に漏れないように工夫したりと、地域の方々の気持ちが伝わってくる。

撮影準備をしていると、農作業帰りのおじさんから、ホタルは暗くなると山から下りてきて、九時を過ぎると山へ帰っていくのだと教わった。

薄暗くなると、線路近くの杉林や雑木林のあちこちから、一つ二つと点滅を始め、暗くなるに従ってその数は増えていく。やがて光は線となって川に下りてきた。おじさんの話は本当だった。宝珠山のホタルは、山から下りてくるのだ。

発生時期● 5月下旬－6月中旬
（6月上旬にホタル祭りがある）
アクセス●大分自動車道・杷木インターより車で20分
問合せ先●東峰村企画振興課
☎0946−74−2311

栗木野橋梁をバックにホタルが舞う［22］

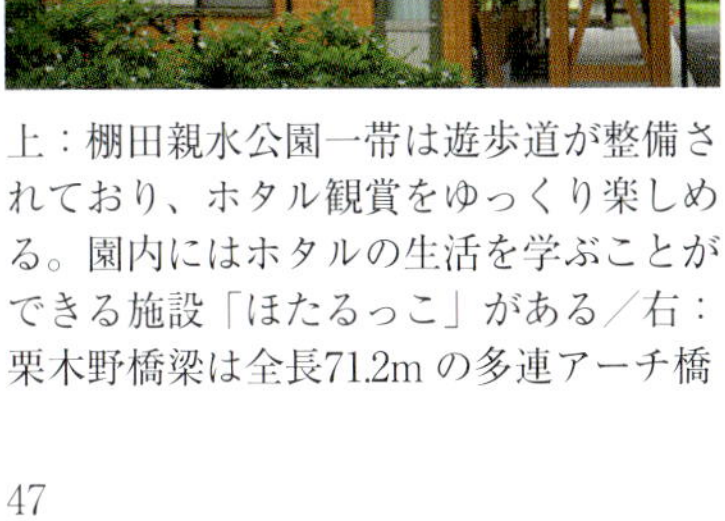

上：棚田親水公園一帯は遊歩道が整備されており、ホタル観賞をゆっくり楽しめる。園内にはホタルの生活を学ぶことができる施設「ほたるっこ」がある／右：栗木野橋梁は全長71.2mの多連アーチ橋

東本川《ひがしもとがわ》

久留米市田主丸町益生田

耳納連山を背景に光彩が行き交う [23]

東本川は耳納《みのう》連山から流れ出る小さな川で、巨瀬《こせ》川、そして筑後川へと続く。ここは僕の生まれ育った故郷でもある。ホタルと出会った原点なので、どうしても写真に残しておきたいと思っていた。

川幅一〇メートルほど、水の流れは中央の一部分、水量は多くないが清流なのでホタルの餌のカワニナも多い。昔のままの杭が残されているので、ホタルにとって棲み良い環境である。近所の方にうかがうと、下流域で飛んでいるということで、早速撮影の準備に取りかかる。夕暮れの空が赤く染まり、水を蓄えた田んぼも真っ赤に焼けてくる。シラサギは餌を探して田んぼの中を歩き回っている。時おり仕事を終えた人が散歩に訪れる、のどかな夕暮れである。

最初の日は耳納連山を背景に撮影、二日目は町の明かりを背景にカメラをセットする。明るい時は全く気がつかなかったが、耳納連山に向けた時は山裾に赤いライト、町の方向には強いオレンジの街灯が見え、昔はこんな光はなかったのにと、過ぎた年月を思い知る。とはいえ、近くに街灯はないし道も広いので、今でもホタル鑑賞をゆっくりと楽しむことができる。

筑後平野の夕暮れ

上：川沿いの道路には、観賞に訪れる人も多い［24］

下：JR 田主丸駅舎。田主丸町には多くの河童伝説が残る

発生時期● 5 月下旬－ 6 月上旬
アクセス●大分自動車道・甘木インターより車で30分／JR 久大本線・田主丸駅より車で 5 分
問合せ先●田主丸町観光協会　☎0943－72－4956

ホタルはなぜ光るんだろう

　ゲンジボタルは、水中で生活する幼虫時代はカワニナを食べますが、成虫になると水（露）を飲むだけで、餌を食べません。そのため、はかない命の代名詞とされてきました。その短い寿命の中、出会いを求め、光りながら飛び回っています。

　川の流れのおだやかな場所で撮影していると、時々水面に舞い降り、一、二秒するとすぐに舞い上がる行動を目にすることがあります。水を飲むために舞い降りたのか、それとも、川面に映った自身の姿に寄っていったのか、理由ははっきりしませんが、川面に降りるという不思議な光景を目にすることがあります。

　では、ホタルはなぜ光るのでしょう。実は、ホタルは一生光っています（本書二六－二七ページ「ホタルの生活史」参照）。卵の時から、淡く、かすかな光を出しています。幼虫時代も水の中で、光りながら行動しています。上陸して土の中でさなぎになると、成虫とほとんど同じくらいの強い光を放つようになります。また、幼虫や成虫をさわってみると、くさい臭いを放ちます。これらは、光るものを食べたら、「くさくて、まずいぞ」ということを警告しているのだそうです。

　成虫が光るのは、幼虫時代の外敵に対する警告が、雌雄のコミュニケーションへ進化したものと考えられています。雄は雌を確認すると、近くにとまり、光る部分がよく見えるようにお尻を突き出し、雌に向かって強い光を三－五回発します。すると、雌は一、二回強く発光し、受け入れのサインを出します。こうして、雌雄の出会いが行われます。

　飛んでいる時の光り方ですが、西日本では二秒間隔、東日本では四秒間隔、その中間の大地溝帯（フォッサマグナ）付近では、三秒間隔のホタルが確認されています。西日本のホタルはせっかちに光るわけです。そのホタルが、一斉に光り出すことがあります。ウェーブを描くがごとく、右から左へ、左から右へ、順番に光っているようにも見えます。雄だけに見られる集団同時明滅です。高く舞い上がることの多い暗い場所では、星空と相まって壮大なスペクタクルショーを見ているかのようです。雄たちは同時明滅によって、不規則な光り方をしている雌を探しているともいわれています。

撮影に訪れた折り、〝ホタル合戦〟の話を聞くことがあります。山国川上流で出会ったおじさんは、「昔、何千というホタルが集団で明滅を繰り返しながら、滝のように流れ出てきよった」と言われました。その光景はあたかも、ホタルが合戦をしているように見えたそうです。そんなホタル合戦にはまだ遭遇したことはありませんが、集団で明滅するホタルを見ていると、短い一生を精一杯に生きる生命の輝きに、感動と自然の神秘を感じざるを得ません。

新川《にいかわ》

うきは市浮羽町新川

懐かしい風景が広がる浮羽町の山間部［25］

茅葺き民家の近くにもたくさんのホタルが生息している［26］

　ＪＲうきは駅より合所《ごうしょ》ダムを過ぎて新川沿いを上流へ行くと、築三百余年という「くど造り」の民家・平川家住宅がある。土間には土でできたかまどがあり、昔の暮らしをうかがい知ることができる。

　その下流に姫治《ひめはる》小学校があり、近くには茅葺《かやぶ》き屋根の民家があるのだが、ここにホタルが飛んでほしいとの思いで挨拶にうかがった。飛んでいるよとのことだったので、ここで撮影したい旨を伝え、早速準備を始める。しかし、街灯がすぐ近くにあり影響は避けられそうにない。三年ほど通ったが、結局満足のいく写真にならなかった。

　また、すぐ上流の茅葺きの家を入れて撮影した時（写真26）は谷川の中に三脚を立てたので、真っ暗闇の中、物を落とさないか、足を滑らせないか緊張しっぱなしだった。川沿いの道路や橋の上からも鑑賞することができる。

上：くど造りの平川家住宅（国指定重要文化財）
下：夕暮れ時の棚田

発生時期● 6月上旬ー中旬
アクセス●大分自動車道・杷木インターより車で30分／JR 久大本線・うきは駅より車で20分
問合せ先●うきは市観光協会浮羽支局
☎0943ー77ー5611

うきは市浮羽町新川

葛籠川《つづらがわ》

葛籠地区のすぐ下流に砂防ダムがある。ダムから落ちる水の流れにホタルが舞って、幻想的な光景に出会うことができた［27］

合所《ごうしょ》ダムを通って、新川の支流の葛籠川へと向かう。狭い谷間を抜けると突然、山裾に石積みの棚田が広がる。秋には彼岸花《ひがんばな》が咲き乱れ、黄色に実った稲穂とあいまって、展望所からの眺めは大勢の観光客を魅了する。

そんな葛籠にホタルが飛んだらいいなあ、との思いで通い始めた。姫治《ひめはる》小学校近くで撮影を終え葛籠へ行ってみると、夜十時を過ぎても多くのホタルが舞っていたので感激した思い出がある。

五年ほど通っているのだが、多く発生する年と少ない年の差が大きいように思える。それは、谷間ではないので、風や雨、気温の影響をまともに受けるためではないかと考えられる。しかし、葛籠への入り口付近の田んぼでは、毎年たくさんのホタルを見ることができる。撮影途中に出会う車は二、三台、街灯もなく、ゆっくりとホタルの舞いを堪能できる。

訪れる人はほとんどいないので、ホタルの舞いをゆっくりと堪能することができる［28］

発生時期● 6月上旬－中旬
アクセス●大分自動車道・杷木インターより車で30分／JR久大本線・うきは駅より車で20分
問合せ先●うきは市観光協会浮羽支局　☎0943－77－5611

左上：山間に整然と並ぶ棚田
左下：秋には黄色く実った棚田に、真っ赤な彼岸花が映える

八女市星野村

星野川

ほしのがわ

夕暮れとともに、川の両岸のいたるところから光り出す［29］

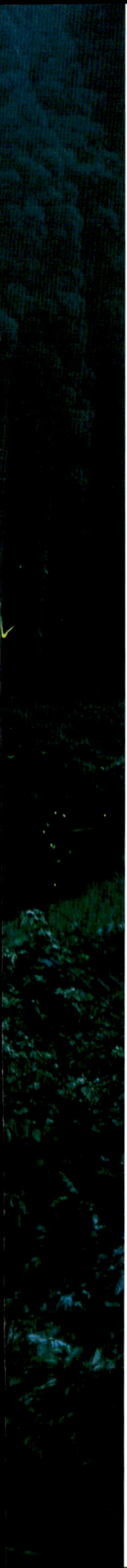

星野村はその名の通り星空のきれいな村だった。夕方までには時間があったので、池の山キャンプ場に隣接する星の文化館におじゃました。

午後をだいぶん過ぎていたため、先客の三名が帰ると誰もいなくなった。しかし、たった一人の訪問者のためにプラネタリウムを上映していただいた。さらにドームの中も見せていただき、初めて直径六五センチの反射望遠鏡を目にして、その大きさに感動した。

また、棚田百選にも選ばれた広内・上原地区の石積みの棚田には、田植えも終わり水がいっぱいにたくわえられて、美しい曲線を描いていた。

そんな村だから川もきれいだ。カマツカを釣っていたおじさんが、ここは大きいのが釣れるよと自慢げに話されていた。カマツカは砂と小石の混じった清流に棲んでいる、白身のおいしい魚である。ホタルのことを聞くと、「どこでもおるよ」とそっけない返事。

八時を過ぎるとおじさんの言ったように、川の上流でも下流でもいたるところから舞い始めた。撮影を終えて帰宅途中で感じたのだが、星野村には必要以上に街灯が設置されていないように思える。ホタルにも自然にも人にもやさしい村のようだ。

美しい曲線を描く棚田

発生時期● 6月上旬ー下旬
アクセス● 九州自動車道・八女インターより車で40分／大分自動車道・杷木インターより，うきは市を通って車で40分
問合せ先● 八女市星野村商工観光係
☎0943－52－3112

上流部へ行くと6月下旬まで見ることができる［30］

辺春川《へばるがわ》

八女市立花町上辺春

石橋の下を行ったり来たりするホタルたち [31]

発生時期● 5月下旬－6月上旬（5月下旬に新茶とホタルの祭りがある）
アクセス●国道3号線を熊本方面に南下、黒岩橋バス停近く
問合せ先●八女市立花支所商工観光係
☎0943－23－4941

辺春川にかかる黒岩橋は、すぐ近くを国道三号線が通っているが、家並みを隔てているので車のライトの影響はほとんど見られない。この黒岩橋は明治二十五（一八九二）年に架設されたものであるという。

橋のすぐ横のお宅の空き地に車を停めさせてもらうために挨拶にうかがうと、快く承諾していただいた。さらに撮影準備をしていると、冷たいみかんジュースをくださった。農作業帰りのおばあちゃんからは、収穫してきたばかりの赤い玉ねぎを「持って帰らんね」といただき、ホタルの撮影をするのだと話すと、家の明かりを消してくださった。心温まるもてなしに感激しながらの撮影となった。

辺春川流域には数多くの眼鏡橋が残っているが、その中で最も大きいのが黒岩橋である（長さ10.3メートル、幅1.8メートル）

田川郡赤村赤

十津川《とつがわ》

大発生したホタルは人々を感動させる［32］

滑川の葦の間を飛び交う［33］

「赤村ほたるの会」の活動が盛んだと聞いていたので、一度訪れてみたいと思っていた。下見の時も会長の小川次男さんに生息場所を丁寧に案内していただき、撮影場所を決めるのに大変助かった。

上の写真は十津川支流の滑川《なめらがわ》。近所の主婦は、嫁いで二十数年経つがこんなに多いのは初めてだと感激しておられた。川のすぐ横に街灯があるのだが、発生時期になると消してあるので、ホタルは元気良く飛び回っていた。

赤村ほたるの会の会員は村の広い地域に住んでいるので、発生情報を的確につかむことができるという。会員が案内役を務める「源じいの森ほたる観賞バス」（有料、要予約）は、その日一番良い場所に案内してくれる。そのため、毎年多くの見学者が訪れるそうだ。

発生時期● 5月下旬－6月中旬
アクセス●（ほたる観賞バス利用の場合）平成筑豊鉄道・源じいの森駅下車
問合せ先●赤村ふるさとセンター源じいの森温泉
☎0947－62－2851

十津川上流にある2つの滝。左は大音の滝。「く」の字形で、その名の通り大きな音を立てて水が流れ落ちる。下は琴弾の滝。天智天皇がこの滝のほとりで休んでいたところ、天女が琴を弾いて大変感銘を受けたことから名づけられたという

豊前市畑

角田川《すだがわ》

川面を飛ぶのを辛抱強く待って撮影した1枚［34］

発生時期● 5月下旬－6月上旬
アクセス● 国道10号線・中村交差点より車で20分、畑冷泉へ
問合せ先● 豊前市まちづくり課
☎0979－82－1111

角田川の上流、畑地区の水神社には根周り九メートルという大きな樟の木がある。その木の下から多量の自然水が湧き出ており、「畑冷泉《はたのれいせん》」と呼ばれている。この水を求めて、北九州市からも多くの人が水汲みに訪れるという。

小倉から来たという老夫婦は、日曜日になると行列ができるほどだと話していた。また、ここには夏季限定で冷泉浴とサウナが楽しめる施設もある。

撮影場所に選んだのは、ここより少し上流の農道にかかる小さな橋の上で、街灯もなく、眼下の川底は一枚岩になっている。この川面を飛ぶホタルを求めて夕暮れを待った。

八時を過ぎてホタルが飛び始め、最初の数匹はカメラの前を飛んでくれたのだが、すぐに上空へと舞い上がってしまい、なかなか下に降りてこない。人工の光がない暗い場所なので、上空高く舞い上がることができる、ホタルにとっては棲み良い環境なのだ。

水神社の大樟の下から冷水が湧き出ている

豊前市川内

中川《なかがわ》

いちのわたし橋の下流には街灯は当たらない [35]

いちのわたし橋の上から下流にカメラを向けた

中川も上流の櫛狩屋《くしがりや》地区まで来ると小さい谷川になる。餌のカワニナも多くホタルもたくさん飛んでくれるだろうと予測して、撮影することに決める。畑で作業をしている老夫婦にうかがうと、昔は家の前にたくさんいたので毎年孫が来てホタル狩りを楽しんでいたのだが、街灯ができて少なくなったという。

撮影場所はいちのわたし橋。すぐ横のお宅に挨拶にうかがうと、今は市の中心部へ移っているが、今日は畑仕事で実家のあったここへ来ていると話されていた。周りには耕作放棄地も見受けられる。

この橋の上流には街灯があるので、下流へカメラを向けた。この日は数こそ少なかったが、見学者もなくゆっくり観賞することができた。

いちのわたし橋
から上流を望む

発生時期● 6月上旬―中旬
アクセス● 国道10号線・大村横矢橋交差点より20分
問合せ先● 豊前市まちづくり課　☎0979―82―1111

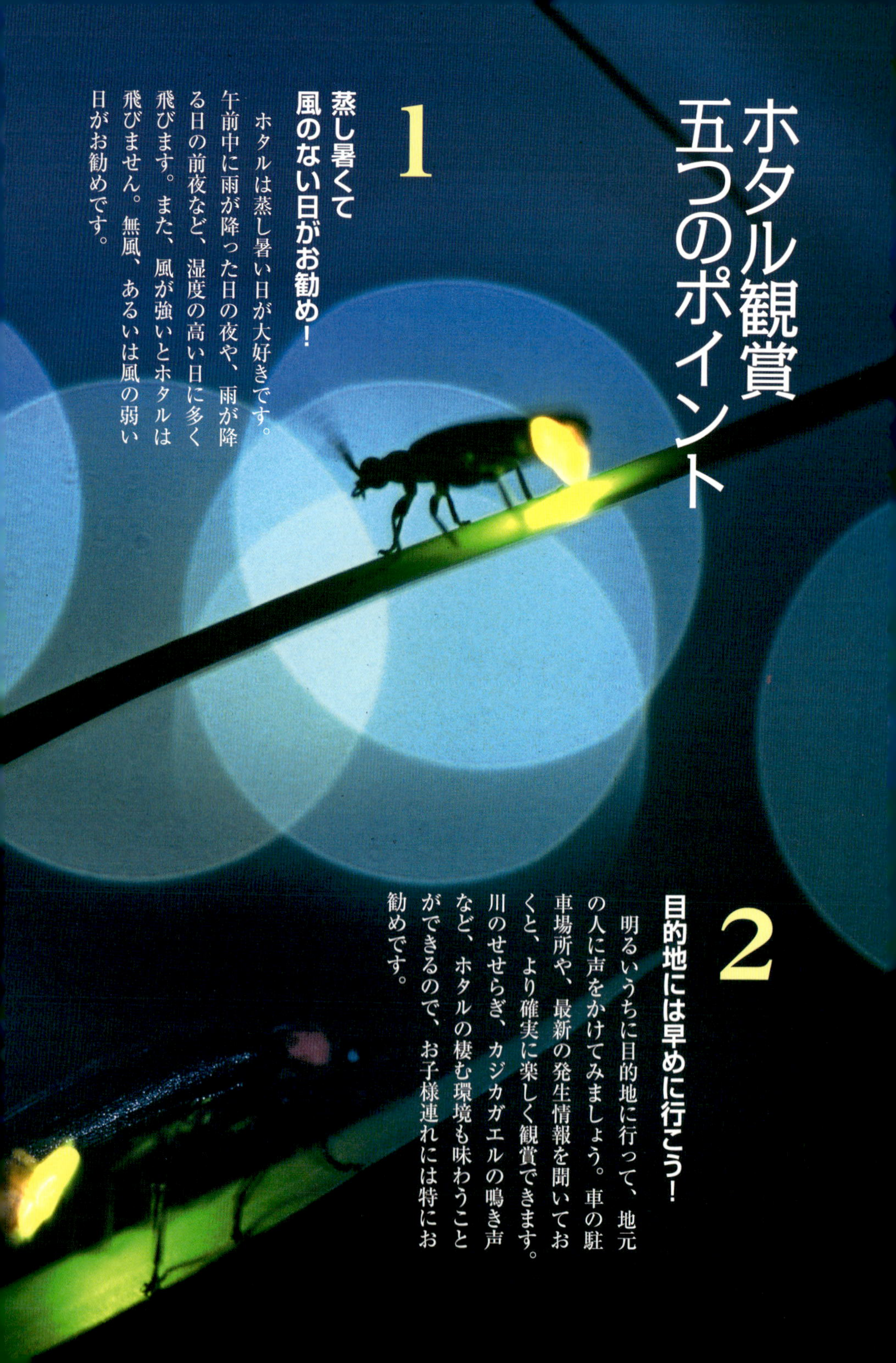

ホタル観賞五つのポイント

1 蒸し暑くて風のない日がお勧め！

ホタルは蒸し暑い日が大好きです。午前中に雨が降った日の夜や、雨が降る日の前夜など、湿度の高い日に多く飛びます。また、風が強いとホタルは飛びません。無風、あるいは風の弱い日がお勧めです。

2 目的地には早めに行こう！

明るいうちに目的地に行って、地元の人に声をかけてみましょう。車の駐車場所や、最新の発生情報を聞いておくと、より確実に楽しく観賞できます。川のせせらぎ、カジカガエルの鳴き声など、ホタルの棲む環境も味わうことができるので、お子様連れには特にお勧めです。

3
〝一番ボタル〟を見よう！

早く出かけた人の特典。夕焼けの茜空が徐々に青味を増してくる頃、葉っぱの裏に隠れていたホタルが一つ二つと光り出します。その数は徐々に増えてきて、そのうち一匹がふわっと舞い始めます。一番ボタルです。それが合図であるかのように、次々と飛び立ちます。ホタルのショーの開幕です。この瞬間には、いつも感動します。

4
明かりはホタルに向けないようにしよう！

ホタルは雄と雌のコミュニケーションのために光っているといわれています。明かりを当てると雄と雌の連絡がとれなくなるため、光ることをやめてしまいます。懐中電灯、携帯電話などの明かりは、移動する時だけ、足もとのみを照らすようにしましょう。

5
乱舞のピークは八－九時頃

夜八時前後に一番ボタルが飛び始めると、他のホタルも次々に飛び立ちます。乱舞が始まってしばらくすると、それぞれ単独で光っていたホタルたちが、急に同じ調子で光り出します。いよいよ雄たちが繰り広げる集団同時明滅の始まりです。この時間帯は見逃せません。じっくりと観賞しましょう。夜九時を過ぎると徐々に数が減ってきます。

中津市山国町槻木
山国川《やまくにがわ》

川面を飛ぶホタルを写真に捉えるのは難しい [36]

猿飛千壺峡。奇岩群を野猿が飛び回っていたことから名づけられたという

国道二一二号線を日田から耶馬渓《やばけい》方面へ向かう。耶馬渓トンネルを過ぎてしばらく行き、最初の信号を英彦山方面に左折して山国川源流へと車を走らせる。途中、猿飛千壺峡で休憩した。ここは安山岩が長い年月で浸食され、壺状の奇妙な景観になった場所である。

さらに上流の槻木《つきのき》地区へ向かう。着いた頃には今にも雨が降り出しそうな空模様になった。そこで、僕のホタル撮影の必需品の派手なパラソルが役に立つ。

撮影の準備中、軽トラックに乗ったおじさんが声をかけてきて、「この谷の山向こうの川で、十五年ほど前だったか、すごく多い年があり、ホタルが滝のように流れ出てきよった」と身振り手振りで興奮気味に語ってくれた。しかし、それ以来そんなに多くのホタルを見ることはなくなったと残念そうに話されていた。この日はピークを過ぎていたが、蒸し暑く風もなかったので、たくさんのホタルを見ることができた。

発生時期●６月上旬－中旬

アクセス●大分自動車道・日田インターより車で40分、山国川源流の槻木地区へ

問合せ先●中津市山国支所観光振興係 ☎0979－62－3111

山国川の源流域ではホタルの乱舞を堪能できる［37］

中津市山国町藤野木

長尾野川《ながおのがわ》

村の明かりは川まで届かない [38]

日田市より国道二一二号線を山国町へ進むと、山国川を隔てて、文化施設「コアやまくに」が見えてくる。その横を通り長尾野川上流へ行くと、藤野木地区がある。道幅も広く、支流の小川にはすぐ横に農道が整備されているので、観賞に適している。

撮影準備をしていると、川向こうの茂みから突然シカが顔を出した。まだ人がいることに気づいていないらしく、あたりを見回している。そのうちこちらを向き、あわてて林の中に隠れてしまった。近年シカの出没が相次ぎ農作物を荒らすので、川沿いに侵入を防ぐ網が設置されることになったという。

中津市のホームページでは、山国町のほか、耶馬渓《やばけい》町、本耶馬渓町、三光町のホタル発生情報を克明に知ることができる。

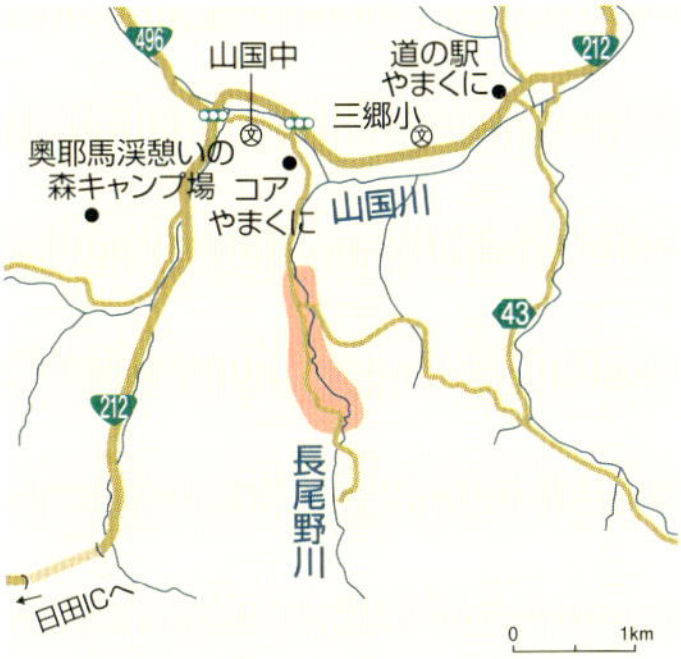

発生時期● 5 月下旬－ 6 月上旬
アクセス●大分自動車道・日田インターより車で40分。「コアやまくに」より車で 5 分
問合せ先●中津市山国支所観光振興係
☎0979－62－3111

高さ50mのタワーが目印の「コアやまくに」

左上：撮影の準備中にシカと遭遇
左下：山間に集落が点在する藤野木地区

小野川《おのがわ》

日田市源栄町・鈴連町

小鹿田焼の里に唐臼の音が響く [39]

小野川上流には小鹿田《おんた》焼の里があり、日本の音風景百選にも選ばれた、水の力を利用した唐臼の音が響く。

中流域の鈴連《すずれ》町では、壮年会の人たちによって毎年ホタル祭りが開催されており、たくさんの人が観賞に訪れる。中でも、手作りのドーム内に千匹のホタルを解き放つイベントは、見物人を魅了する。また、「小野谷根浚《ねざ》れ軍団」というお年寄りグループは、手入れが行き届かなくなった山から切り出した雑木や竹で炭を作り、川に沈めて水質改善を試みるなど、美しい里山を守るための活動を行っている。

小学校に出向き、ホタルのことを子供たちに伝える活動をされている伊藤元裕さんに、ホタルの発生状況など、いろいろなことを教えていただき大変助かった。なお、上流の殿町でもホタル祭りが開催されている。

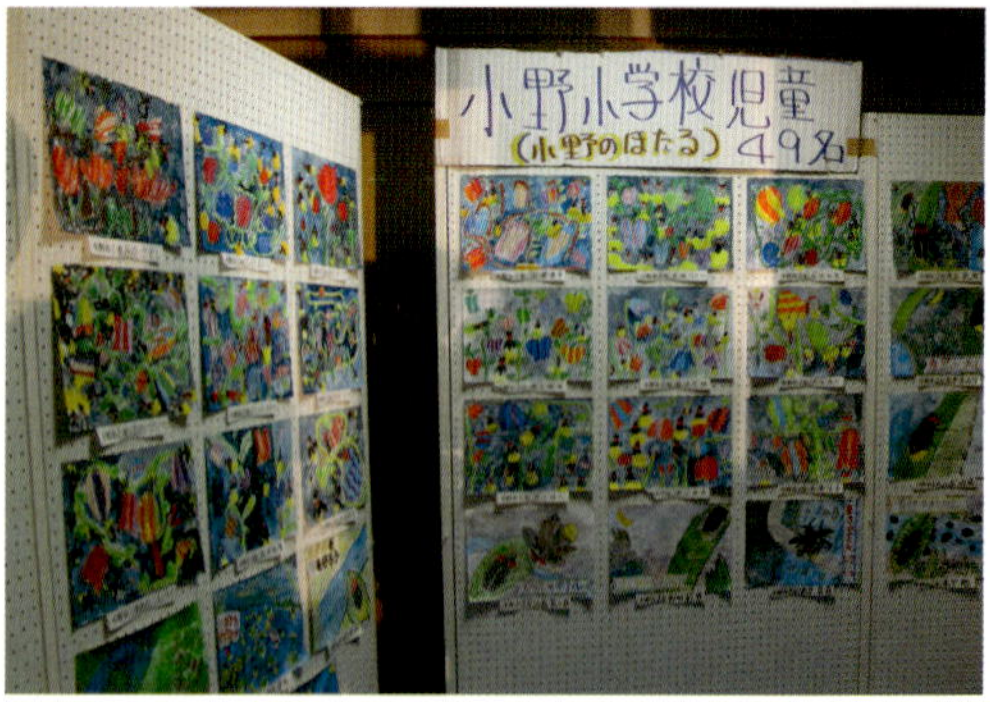

発生時期● 6月上旬—中旬（6月上旬にホタル祭りがある）
アクセス●大分自動車道・日田インターより車で20分
問合せ先●日田市商工観光課
☎0973—22—8210

左上：300年の伝統を守ってきた小鹿田焼／右上：ホタル祭りは村の人々の楽しみでもある／右下：小学生が描いたふるさとのホタル

砂防ダムにも初夏の訪れ［40］

日田市小山町

内河野川《うちがわのがわ》

民家の明かりが灯る頃、
ポッーと光り出す［41］

発生時期● 6月上旬－中旬
アクセス●大分自動車道・日田インターより車で30分
問合せ先●日田市商工観光課
☎0973－22－8210

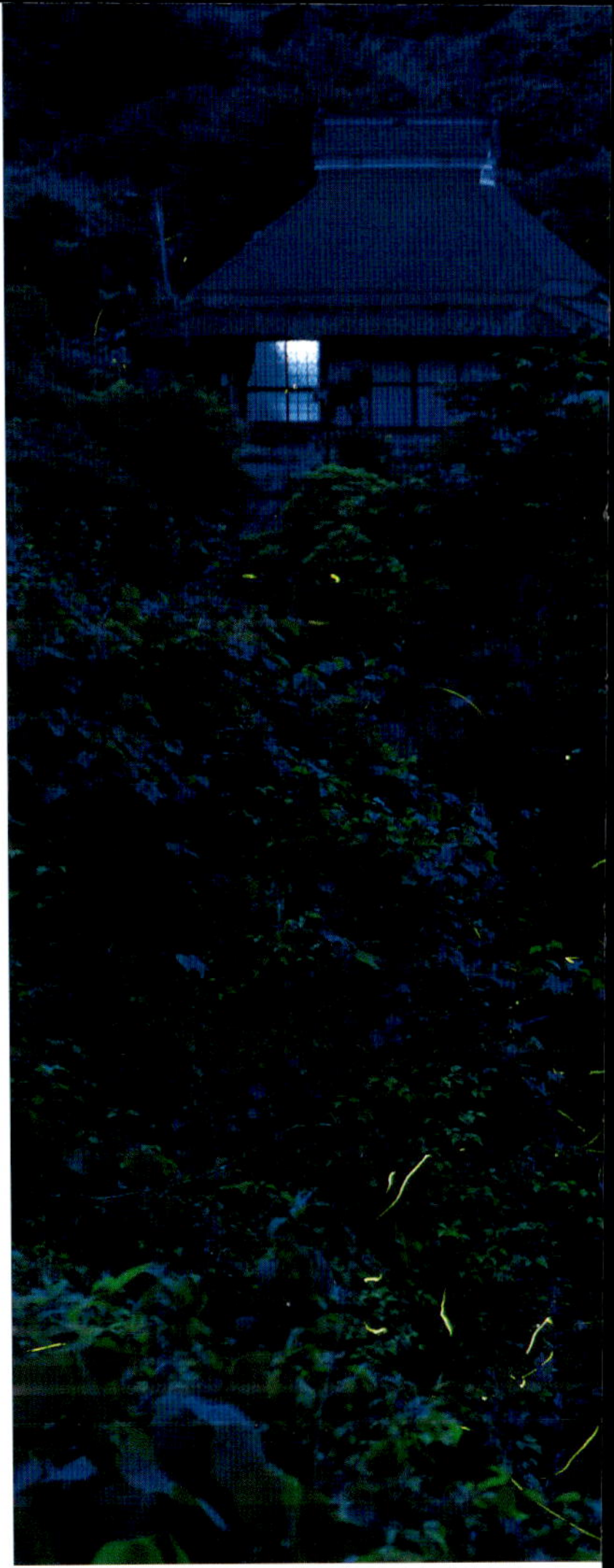

ここにホタルが飛んでほしいとの思いで近所の人に聞いてみると、「家の周りにはよく飛びますよ」とのことだったので、後日連絡をとって出かけることにした。
　撮影当日はあいにくの小雨。大きなパラソルを準備してカメラを三台セットする。夕暮れの小雨の中、派手なパラソルをさしての何やら怪しげな動きに、時おり車で通りかかる地元の人が不思議そうに見ている。ホタル撮影では不審者に間違えられないように、車の中に「ホタル撮影中」と表示をし、近所の家にはできるだけ挨拶をするようにしている。この日は雨のためホタルは少なかったが、二日目は雨も上がり湿度や気温も高く、風もないため絶好のホタル日和になった。
　八時を過ぎると川沿いで一番ボタルが舞う。それをきっかけに、あちこちで飛び始めた。家の明かりと谷川に舞うホタル——小さい頃の思い出と重なった。

左：山里にも桜のたより
右：上流にある小山小学校は平成10年に廃校になったが、木造の校舎が当時のまま残る

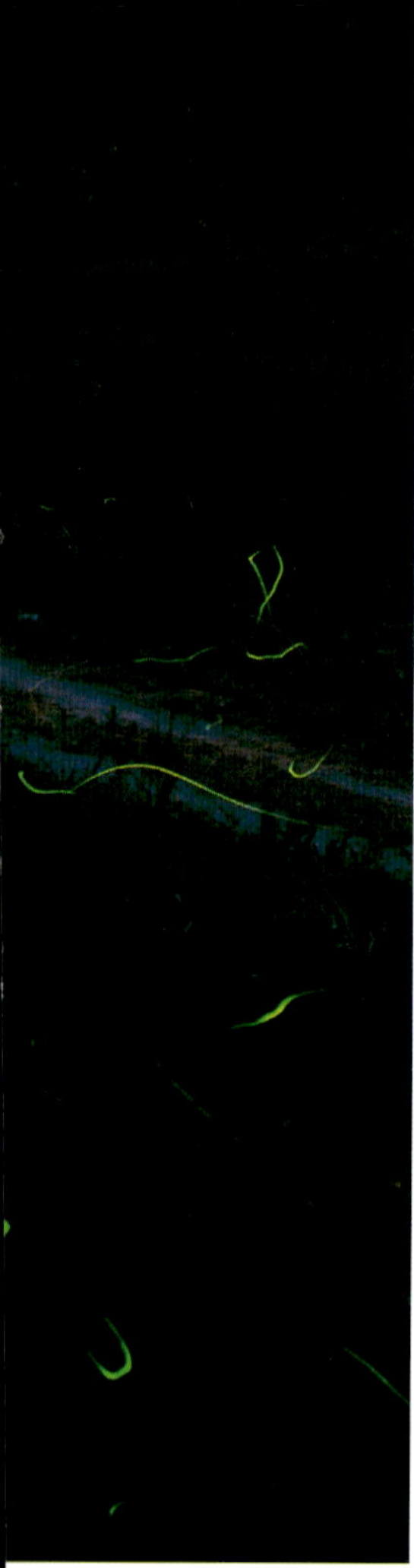

宇佐市院内町温見

野地川《のじがわ》

道の駅でもらったパンフレットに、院内町は「日本一の石橋のまち」だと書かれており、七十五基の石橋が紹介されていた。下見をかねて石橋めぐりをしたが、丸一日たっぷり時間をかけても到底すべてを見ることはできない。

今回撮影したのは野地川にかかる小さな石橋で、標識には念仏橋とある。昭和三（一九二八）年に造られたもので、その名は、橋の西側上方にある寺院に参拝する人々が通ったことに由来するという。

下見の際には、田んぼに石橋、そしてホタルと、絶好の撮影ポイントだと思っていたのだが、翌年出かけてみると、近くに立派な道路が造られ、オレンジ色の街灯がいくつも明々と輝いていた。そのために長時間の露光はできなかったが、ホタルの数が多かったので楽しく撮影できた。

発生時期●5月下旬－6月上旬
アクセス●大分自動車道・玖珠インターより車で30分／JR日豊本線・宇佐駅より車で30分
問合せ先●院内町観光協会　☎0978－42－6040

小さな石橋は光に包まれていた［42］

上：野地川に架かる念仏橋
右：「道の駅いんない」のすぐ近くにある荒瀬橋（大正２年竣工）

私のホタル撮影

本書で紹介している場所は、近くに駐車スペースを確保できること、もしくは離合可能な道路があることなどを考慮して選びました。さらに撮影では、街灯や車のライトなどの明かりの影響が少ないことも条件にしています。

フィルム撮影では、長時間の露光によりホタルの光跡を撮影します。しかし、この方法では、近くに街灯があるところ、頻繁に車のライトに照らされる場所などでの撮影が困難です。それを解決するのが、デジタルカメラによる「コンポジット撮影」です。これは、短めの露光を繰り返して撮影した複数の写真を合成するものです。ここではその方法を紹介します。

まずカメラを三脚に据え、明るいうちにピントを調整しておきます。撮影は暗い中での作業になりますので、ピント位置がずれないようにテープなどで固定します。できるだけ明るいレンズ（絞りＦ１・４―Ｆ３・５）を使用します。感度はＩＳＯ１００―４００にセットします。

夕日が沈み徐々に暗くなり、ホタルが飛び始める頃、風景を少し暗めに撮影します。この時間帯の写真は青味がかった夕暮れの雰囲気になります。この時の絞り値は、その後の光跡の撮影時も変えることはしません。それは、風景とホタルの光跡とが、違和感なく合成できるからです。

いよいよ光跡の撮影です。ホタルが飛び始めてすぐよりも、周りがすっかり暗くなってから撮影を開始します。後でのパソコン作業を容易にするためです。露光時間は三十秒―一分、長時間の露光だとノイズが発生しやすいので注意が必要です。すっかり暗くなってからシャッターを開き、撮影を開始します。何コマも撮影します。突然の車のライトも気にせず撮影します。ここが、デジタルカメラの良い点です。

ここからはパソコン（画像編集ソフト）での作業になります。まず夕暮れに撮影した風景写真に、光跡を撮ったコマを重ねていきます。この時、「比較（明）」でレイヤー合成をします。これを繰り返すことにより、たくさんのホタルが写し込まれます。

以上の方法で、ホタルの光跡写真を失敗なく撮影できます。

■撮影データ

［　］内の数字は本文中に掲載の写真番号

[1] 35ミリカメラ／絞り：F3.5／バルブ：２分20秒／フィルム：プロビア100F
[2] 35ミリカメラ／絞り：F3.5／バルブ：２分／フィルム：リアラ ISO100
[3] 35ミリカメラ／絞り：F ２／バルブ：５分／フィルム：プロビア100F
[4] 35ミリカメラ／絞り：F2.8／バルブ：４分／フィルム：プロビア100F
[5] デジタルカメラ／ISO100／絞り：F2.8／コンポジット撮影：３分
[6] 35ミリカメラ／絞り：F ２／バルブ：１分30秒／フィルム：ベルビア100
[7] デジタルカメラ／ISO100／絞り：F ２／コンポジット撮影：５分
[8] 35ミリカメラ／絞り：F ２／バルブ：３分／フィルム：プロビア100F
[9] デジタルカメラ／ISO100／絞り：F ２／コンポジット撮影：３分30秒
[10] デジタルカメラ／ISO100／絞り：F2.8／コンポジット撮影：９分
[11] 35ミリカメラ／絞り：F3.5／バルブ：２分／フィルム：プロビア100F
[12] 35ミリカメラ／絞り：F ２／バルブ：３分／フィルム：リアラ ISO100
[13] デジタルカメラ／ISO100／絞り：F ２／コンポジット撮影：６分
[14] 35ミリカメラ／絞り：F2.8／バルブ：２秒／フィルム：プロビア100F（ストロボ使用）
[15] デジタルカメラ／ISO100／絞り：F ２／コンポジット撮影：６分
[16] デジタルカメラ／ISO100／絞り：F ２／コンポジット撮影：６分
[17] デジタルカメラ／ISO100／絞り：F2.8／コンポジット撮影：３分
[18] デジタルカメラ／ISO100／絞り：F3.5／コンポジット撮影：５分
[19] 35ミリカメラ／絞り：F3.5／バルブ：１分30秒／フィルム：プロビア100F
[20] 35ミリカメラ／絞り：F2.8／バルブ：２分／フィルム：プロビア100F
[21] 35ミリカメラ／絞り：F2.8／バルブ：３秒／フィルム：プロビア100F
[22] デジタルカメラ／ISO100／絞り：F ２／コンポジット撮影：３分
[23] デジタルカメラ／ISO100／絞り：F2.8／コンポジット撮影：６分
[24] デジタルカメラ／ISO100／絞り：F2.8／コンポジット撮影：５分
[25] 35ミリカメラ／絞り：F2.8／バルブ：２分／フィルム：プロビア100F
[26] デジタルカメラ／ISO100／絞り：F ２／コンポジット撮影：５分
[27] デジタルカメラ／ISO100／絞り：F ２／コンポジット撮影：５分
[28] 35ミリカメラ／絞り：F ２／バルブ：７分／フィルム：プロビア100F
[29] デジタルカメラ／ISO100／絞り：F ２／コンポジット撮影：５分
[30] 35ミリカメラ／絞り：F ２／バルブ：２分30秒／フィルム：プロビア100F
[31] 35ミリカメラ／絞り：F2.8／バルブ：３分／フィルム：プロビア100F
[32] デジタルカメラ／ISO100／絞り：F2.8／コンポジット撮影：６分
[33] デジタルカメラ／ISO100／絞り：F2.8／コンポジット撮影：３分
[34] デジタルカメラ／ISO100／絞り：F ２／コンポジット撮影：３分
[35] デジタルカメラ／ISO100／絞り：F2.8／コンポジット撮影：６分
[36] 35ミリカメラ／絞り：F ２／バルブ：２分30秒／フィルム：プロビア100F
[37] デジタルカメラ／ISO100／絞り：F1.4／コンポジット撮影：３分
[38] 35ミリカメラ／絞り：F ２／バルブ：２分／フィルム：プロビア100F
[39] デジタルカメラ／ISO100／絞り：F2.8／コンポジット撮影：３分
[40] デジタルカメラ／ISO100／絞り：F ２／コンポジット撮影：８分
[41] デジタルカメラ／ISO100／絞り：F ２／コンポジット撮影：６分
[42] 35ミリカメラ／絞り：F2.8／バルブ：３分／フィルム：プロビア100F

あとがき

ふるさとのすぐ近くに幅三〇メートルほどの巨瀬《こせ》川がある。その川は近所の子供たち、すなわち僕の遊び場であった。水泳、魚とり、石投げにと……。魚とりは、夏はもちろんのこと、冬でもゴム草履をはいて、手づかみで魚をとった。冬は魚の動きが鈍く、藻の中にじっとしていることが多い。藻の中にそっと手を入れて、ハヤやフナ、カマツカ、時にはナマズも手づかみしていた。石投げは、川原で平たい石を見つけては川面に投げ、飛び跳ねていく回数を競うのである。そして、夏にはホタル狩り。祖父に作ってもらったホタル籠《かご》と、ほうき草を持って出かけるのである。ほうき草は枝が縦に何十本にも分かれていて、昔は土間を掃くほうき用として軒先などに植えられていた。そのほうき草を飛んでいるホタルに近づけると、すぐに枝にとまり、簡単にとらえることができるという優れものであった。

当時、ホタル狩りの注意点として両親に言われていたことは、「草むらにとまっているホタルはとるな」「一匹が近くで光っているホタルはとるな」。これらはヘビにかまれるのを防ぐためである。子供の頃にヘビに遭遇した記憶はないけれど、撮影中に一度だけ危ない目に遭った。ヘイケボタルが田の畦《あぜ》にいたので、手を伸ばして捕獲しようとした時だった。「ジージー」と、虫の声とは明らかに違う、低く鈍い音がする。ホタルに近づくと、その音は大きくなった。おかしいと思い手を引っ込め立ち上がった時、目の前にヘビ

がいたことに気がついた。その後ヘビは草むらへと移動して、音は聞こえなくなった。そのことを友人に話したところ、それはマムシだったのではないかと教えられた。目が光っていたかどうか定かではないが、子供の頃の注意を思い知らされた。

また、ホタルを観察するようになって、別の意味がこめられていることに気がついた。僕たちが日頃観賞しているのは、ほとんどが雄である。雄たちが優雅に舞っているのである。雌はほとんど飛ばずに草むらにじっとして、雄とは異なる光り方をしている。したがって、とまっているホタルは雌の可能性が高い。「草むらにとまっているホタルはとるな」という教えは、ヘビにかまれないように注意を促すことはもちろん、種を絶やさないようにという、大きな目的があったことを知った。

飛んでいるホタルに手を差し伸べてみよう。ホタルがとまったら、そっと鼻を近づけてみる。すると、独特の臭いがする。この臭いは「食べたらまずいぞ」というメッセージだそうだ。子供たちにとっては、五感で感じることが、将来自然への愛着につながっていくものと信じている。

最後に、ずっと僕のわがままを聞いてくれている妻や子供たちに心から感謝したい。それから、いろいろとアドバイスをしてくださった海鳥社の方々に、心よりお礼を申し上げます。

平成二十三年四月

石井幹夫

石井幹夫（いしい・みきお）
1949年、福岡県田主丸町生まれ。
2001年、福岡県展入選。2002年、福岡県展入賞、ホタル写真展「幻想の星」（ニコンギャラリー）。2003年、福岡県展入賞、福岡県美術協会会員、福岡市美術連盟会員。2007年、大分県日田市小野へ移住。2009年、小野公民館落成記念写真展「小野谷の四季」、西日本写真協会会員。

ホタル紀行《きこう》　福岡近郊編《ふくおかきんこうへん》

■

2011年6月1日　第1刷発行

■

著　者　石井幹夫
発行者　西　俊明
発行所　有限会社海鳥社
〒810－0072　福岡市中央区長浜3丁目1番16号
電話092(771)0132　FAX092(771)2546
印刷・製本　有限会社九州コンピュータ印刷
ISBN978-4-87415-820-3
http://www.kaichosha-f.co.jp
［定価は表紙カバーに表示］